四川省工程建设地方标准

四川省载体桩施工工艺规程

Technological specification for construction of
ram-compacted piles in Sichuan Province

DBJ51/T075 – 2017

主编单位： 四 川 建 筑 职 业 技 术 学 院
批准部门： 四 川 省 住 房 和 城 乡 建 设 厅
施行日期： 2 0 1 7 年 8 月 1 日

西南交通大学出版社

2017 成 都

图书在版编目（ＣＩＰ）数据

四川省载体桩施工工艺规程／四川建筑职业技术学院主编. —成都：西南交通大学出版社，2017.9
（四川省工程建设地方标准）
ISBN 978-7-5643-5722-1

Ⅰ.①四… Ⅱ.①四… Ⅲ.①混凝土桩－打桩工程－技术规范－四川 Ⅳ.①TU473.1-65

中国版本图书馆 CIP 数据核字（2017）第 214996 号

四川省工程建设地方标准

四川省载体桩施工工艺规程

主编单位　四川建筑职业技术学院

责　任　编　辑	姜锡伟
助　理　编　辑	王同晓
封　面　设　计	原谋书装
出　版　发　行	西南交通大学出版社 （四川省成都市二环路北一段 111 号 西南交通大学创新大厦 21 楼）
发　行　部　电　话	028-87600564　028-87600533
邮　政　编　码	610031
网　　　　址	http://www.xnjdcbs.com
印　　　刷	成都蜀通印务有限责任公司
成　品　尺　寸	140 mm × 203 mm
印　　　张	1.875
字　　　数	45 千
版　　　次	2017 年 9 月第 1 版
印　　　次	2017 年 9 月第 1 次
书　　　号	ISBN 978-7-5643-5722-1
定　　　价	24.00 元

关于发布工程建设地方标准
《四川省载体桩施工工艺规程》的通知

川建标发〔2017〕274 号

各市州及扩权试点县住房城乡建设行政主管部门，各有关单位：

由四川建筑职业技术学院主编的《四川省载体桩施工工艺规程》已经我厅组织专家审查通过，现批准为四川省推荐性工程建设地方标准，编号为：DBJ51/T075－2017，自 2017 年 8月 1 日起在全省实施。

该标准由四川省住房和城乡建设厅负责管理，四川建筑职业技术学院负责技术内容解释。

四川省住房和城乡建设厅
2017 年 4 月 27 日

前　言

根据四川省住房和城乡建设厅《关于下达四川省工程建设地方标准〈载体桩施工工艺规程〉编制计划的通知》（川建标发〔2014〕12号）的要求，四川建筑职业技术学院会同有关单位共同完成了本规程的编制。

编制组经广泛的调查研究，认真总结实践经验，参考国内相关标准，并在广泛征求意见的基础上，制定了本规程。

本规程共分8章及3附录，主要技术内容包括：1 总则；2 术语和符号；3 基本规定；4 施工准备；5 施工；6 质量控制；7 成品保护；8 安全与环保。

本规程由四川省住房和城乡建设厅负责管理，由四川建筑职业技术学院负责具体技术内容的解释。执行过程中如有意见或建议，请寄送到四川建筑职业技术学院（地址：四川省德阳市嘉陵江西路4号；邮编：618000；电话：0838-2657295；E-mail：346116459@qq.com）。

主编单位： 四川建筑职业技术学院

参编单位： 四川德阳市华泰土木基础建设工程有限公司
四川四汇建设集团有限公司
四川省蜀通建设集团有限责任公司
四川鑫瑞志检测工程有限公司

主要起草人： 吴明军　　曾裕平　　罗明远　　谢扬波

目　次

Contents

1 总 则

1.0.1 为了在载体桩施工工艺运用和施工质量控制中做到技术先进，确保质量，保护环境，节约资源，安全适用，经济合理，制定本规程。

1.0.2 本规程适用于四川省内建筑工程载体桩的施工与质量控制。

1.0.3 载体桩施工工艺应综合考虑场地地质条件、场地周边环境条件、承载力和变形要求等因素，选用适宜的施工机具、施工工艺及和施工质量控制参数。

1.0.4 载体桩施工除执行本规程的规定外，尚应符合国家和四川省现行有关标准的规定。

2 术语和符号

2.1 术语

2.1.1 载体 bearing base

由夯实的干硬性混凝土、夯实的填充料构成的桩端承载体。

2.1.2 载体桩 ram-compacted piles with bearing base

由现浇或预制的钢筋混凝土桩身和载体构成的基桩。

2.1.3 填充料 filling material

为挤密桩端地基土体并形成载体而填入的材料。包括碎砖、碎混凝土块、碎石、卵石及矿渣等。

2.1.4 挤密土体 soil in compacted zone

夯实填充料时被挤密的地基土体，包括桩端被加固土层和桩周被挤密土体。

2.1.5 载体桩持力层 bearing stratum for ram-compacted piles with bearing base

直接承受载体桩传递荷载的地基土层。

2.1.6 被加固土层 strengthened soil stratum

载体所在深度范围内的土层。

2.1.7 三击贯入度 the total penetration of three drives

锤径 355 mm、质量 3 500 kg、落距 6.0 m 的自由落锤，夯实干硬性混凝土完毕后连续三次锤击的累计下沉量。

2.1.8 十击贯入度 the total penetration of ten drives

质量 3 500 kg、落距不小于 2.5 m 的柴油锤，夯实干硬性混

2

凝土完毕后连续十次锤击的累计下沉量。

2.2 符 号

N_0——承载力系数；

τ_0——土的抗剪强度；

γ——土的重度；

t——含水层以上不透水层安全厚度；

p_w——含水层水压力。

3 基本规定

3.0.1 载体桩可用作桩基础的基桩和复合地基中的增强体。

3.0.2 载体桩桩身直径宜为 300 mm ~ 600 mm，桩长宜为 5 m ~ 8 m。

3.0.3 载体桩桩身宜采用现浇钢筋混凝土或预制管桩。

3.0.4 载体桩适用于被加固土体有利于形成载体、且持力层承载力及变形满足设计要求的场地。

3.0.5 被加固土层宜选择具有一定厚度的砂土、碎石土、粉土或可塑 ~ 硬塑黏性土等地层。如选择软塑黏性土、素填土、杂填土等地层，应先经试桩试验验证是否易于形成载体。

3.0.6 载体桩持力层宜为碎石土。经成孔、成桩和载荷试验，承载力及变形满足要求时，砂土、粉土、黏性土亦可作为持力层。

3.0.7 施工机具、施工方法和施工参数等应依据载体桩的工程设计文件、岩土工程勘察报告、环境条件、施工条件及已有的工程经验，并分析桩端桩周土层类型和可能发生的挤土效应、饱和土体液化情况及地下水的影响等情况后选择确定。同一结构单元宜采用同一类型的施工机具。

3.0.8 载体桩施工机具类型可采用自由落锤桩机和柴油锤桩机，常用机具型号及参数见本规程附录 A。

3.0.9 地下水位以下的碎石土层、砂土、粉土、黏性土为持力层或无场地附近类似地质条件下载体桩试桩资料时，应进行试桩。

3.0.10 载体桩施工应依据下列资料单独编制施工方案：

1 载体桩工程设计文件；

2 岩土工程勘察报告；

3 现场调查和环境条件等资料；

4 试桩成果。

3.0.11 载体桩施工方案应经监理审查后实施。

3.0.12 载体桩施工时，贯入度应按设计文件执行。当设计文件未明确时，可根据设计要求的单桩承载力特征值，通过试桩确定相应的贯入度。

3.0.13 载体施工质量由贯入度控制，并应符合下列规定：

1 锤径 355 mm、质量 3 500 kg、落距 6.0 m 的自由落锤桩机，宜采用三击贯入度控制；选用其他型号的自由落锤桩机施工时，应通过试验确定控制贯入度的落距、锤击数。

2 质量 3 500 kg、落距不小于 2.5 m 的柴油锤桩机，宜采用十击贯入度控制；选用其他型号的柴油锤桩机施工时，应通过试验确定控制贯入度的落距、锤击数。

3 对于含水量较大的黏性土宜按填料量控制载体的施工质量。

3.0.14 施工机具须定期检查和维护，并经现场试运行后方能投入使用。

4 施工准备

4.0.1 施工前应做好下列技术准备工作：

1 熟悉载体桩工程施工图、场地岩土工程勘察报告和图纸会审纪要等有关资料，了解桩端土层的类型、状态和桩长范围内土层条件，并分析夯实施工的适宜性；

2 调查了解建筑场地和邻近区域内的地下管线、地下构筑物、既有建筑、精密仪器等环境状况；

3 熟悉主要施工机械及配套设备的各项参数及技术性能；

4 熟悉经审查批准后的施工方案；

5 对作业人员进行技术及安全交底。

4.0.2 施工场地应具备下列作业条件：

1 开挖基底标高应高于设计桩顶标高不小于 500 mm；

2 施工供水、供电、道路等开工前应准备就绪；

3 场地应平整，承载力满足施工机械正常作业，并具备足够的操作空间；

4 原材料应按《水泥取样方法》GB 12573 进行抽样检验；

5 完成测量控制网建立、桩位放线工作，并经复测验收合格；

6 雨期施工时，应采取排水措施。

4.0.3 桩身原材料应符合下列规定：

1 水泥采用普通硅酸盐水泥，强度等级和性能应符合现行国家有关标准的规定及设计要求，应具有出厂合格证；

2 钢筋应符合《混凝土结构工程施工质量验收规范》GB

50204 要求，具有出厂合格证、质量证明书；

    3 粗骨料宜选用卵石，采用碎石时宜适当增加混凝土配合比的含砂率；

    4 细骨料应采用级配良好的中砂；

    5 用水水质应符合国家现行标准的规定；

    6 混凝土性能应符合设计要求；

    7 外加剂应根据工程需要选用，并与水泥具有相容性，质量应符合国家现行标准的规定。

4.0.4 桩身采用预制管桩身时，其强度应满足设计要求，桩径宜大于孔径 5 mm。

4.0.5 载体原材料应符合下列规定：

    1 填充料可选择质地较坚硬的碎砖、碎混凝土块、碎石、卵石和矿渣等，以及水泥拌合物；

    2 干硬性混凝土坍落度宜不超过 10 mm，强度等级宜与桩身混凝土相同；

    3 粒径宜为 50 mm ~ 250 mm。

4.0.6 施工时应具备下列机具：

    1 定位放线及高程测量设备；

    2 载体桩成桩机具、混凝土搅拌机具和场地内运输机具；

    3 钢筋加工和安装机具；

    4 钻孔取土机具。

5 施 工

5.1 一般规定

5.1.1 桩机就位应符合下列要求：

1 根据施工方案，预先确定施工路线和顺序；

2 测设桩位点坐标，在桩位点上用预先做好的钢筋标识，移动桩机使护筒对准标识；

3 桩机就位后，调整护筒使之垂直，并保持桩机平稳。

5.1.2 载体桩桩身采用现浇钢筋混凝土时，施工应按图 5.1.2 进行。

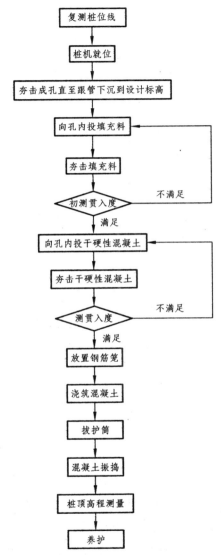

图 5.1.2　采用现浇钢筋混凝土桩身的载体桩施工工艺流程图

9

5.1.3 载体桩桩身采用预制管桩身时，施工应按图 5.1.3 进行。

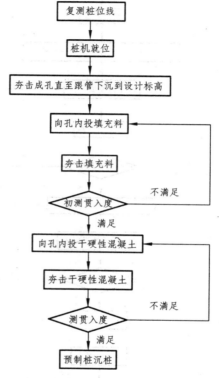

图 5.1.3 采用预制管桩身的载体桩施工工艺流程图

5.1.4 载体桩的施工顺序宜符合下列规定：

1 间距小于 3.5 倍桩径的桩宜采取跳打施工法；

2 当一侧毗邻建筑物时，由建筑物一侧向另一方向施工；

3 根据载体桩的设计长度，宜先长后短；

4 根据载体桩的桩径，宜先大后小。

5.1.5 安装和移动机具、运输钢筋笼以及浇筑混凝土时，应保护好现场的施工成品、轴线控制桩和高程测量基准点。

5.2 成 孔

5.2.1 自由落锤桩机锤击成孔应符合下列要求：

    1 先用夯锤低落距轻夯使护筒准确位于桩位；

    2 高落距夯击成孔；

    3 夯击过程中应确保护筒垂直。

5.2.2 夯锤受阻无法下沉时，应根据实际地质情况，采取下列措施继续成孔：

    1 孔内适量浇水；

    2 采用钻机取土；

    3 清除障碍物；

    4 经设计单位同意变更桩位。

5.2.3 柴油锤桩机锤击成孔应符合下列规定：

    1 护筒对准桩位点后，启动油锤，锤击内锤成孔；

    2 柱锤受阻无法下沉时，可采用本规程第 5.2.2 条措施处理。

5.2.4 成孔过程中护筒或跟管沉放应符合下列要求：

    1 当锤底接近设计标高时，根据锤击成孔的难易程度初步判定桩端土层与设计要求的持力层符合程度。当不是设计要求的持力层，应会商设计单位调整桩身长度及持力层；

    2 当护筒接近桩身底部设计标高时，控制锤击力度，准确将护筒沉至设计标高。

5.2.5 施工场地地下水位较高时，可采用下列措施：

1 优先选用柴油锤桩机施工；

2 采用自由落锤桩机施工时，成孔过程中适当加入吸水性填料；

3 载体施工时，筒底部宜保持适量填充料堵水。

5.2.6 当场地分布有承压水时，可采取下列措施防止发生突涌：

1 优先采用柴油锤桩机施工。

2 采用自由落锤桩机施工时，依据承压水压力、土体的抗剪强度和夯击能量确定地下水突涌高程，在此高程之上按常规方法成孔；在此高程之下成孔过程中，宜向护筒内填料并夯实，在护筒底部形成砖塞，堵住承压水，边夯击边沉管最终将护筒沉至设计位置。

3 当承压水压力较大时，采用降水措施。

5.3 载　体

5.3.1 填充料填量应根据试桩确定。

5.3.2 填充料夯击应符合下列规定：

1 护筒沉至设计标高后提升重锤高出填料口，进行填料并夯击。

2 填料时应控制单次填充料量和累计填充料量。单次填充料量宜为 0.1 m^3，夯击后锤底面应低于护筒底面。对桩径在

300 mm ~ 500 mm 的载体桩，累计填充料量不宜小于 0.5 m³，且不宜大于 1.8 m³。经过多次填料夯击，初步测定贯入度大于设计或试桩确定的贯入度 20 mm ~ 30 mm 时，停止填料夯击。

3 当累计填充料量大于 1.8 m³ 仍未达到贯入度要求时，应会同地勘、设计等相关单位，调整桩长并重新确定加固土层及桩端持力层，提出新的施工参数。

4 对于压缩模量大、承载力高的碎石类土或粗砂、砾砂等土，施工时，成孔到设计标高后可采用柱锤直接夯实。

5.3.3 干硬性混凝土与填充料的体积比宜为 3 : 10，该干硬性混凝土的体积宜为 0.2 m³ ~ 0.5 m³，测定贯入度达到要求后停止夯击。

5.3.4 贯入度测试要求专人进行，基准点设置可靠。

5.3.5 贯入度量测应符合下列要求：

1 载体施工完成后，在桩机上作好标识，测定贯入度；

2 当贯入度满足要求时，方可进行下步施工；

3 当贯入度不满足要求时，应继续填料夯击至贯入度满足要求。

5.3.6 夯填结束后应检测载体顶部标高是否达到桩身底部设计标高，达到要求后方可进行桩身施工。

5.4 桩　身

5.4.1 载体施工结束后，拔出夯锤或柴油锤内筒，吊放钢筋笼至护筒内，并沉至设计标高。

5.4.2 混凝土浇筑时，应连续灌至桩顶设计标高以上 500 mm，并应确保桩身混凝土强度等级和钢筋笼主筋保护层厚度符合设计要求。

5.4.3 混凝土浇注完毕后，将重锤重新置入孔内压在混凝土之上，拔出护筒，速度不应超过 1 m/min。护筒拔出之后，桩身混凝土应用振动棒振捣密实，并应检查实际混凝土浇筑量有无明显异常。

5.4.4 当桩身深度范围内分布有饱和可液化的砂土、粉土及软～流塑黏性土时，邻桩施工后、混凝土初凝前应进一步捣振，确保桩体混凝土密实。

5.4.5 载体桩采用预制管桩身时，应符合下列要求：

1 桩身表面应与周围土体紧密接触，且成桩时不产生明显的挤土效应；

2 应确保预制管桩身端部与载体紧密粘结。当采用锤击沉桩时，桩身进入载体的深度宜以桩身贯入度来控制。

5.4.6 桩身施工完成后，应对桩顶高程进行量测并记录，同时对桩孔周围地面及邻桩桩顶高程进行量测，地面隆起量及邻桩桩顶上浮量须满足本规程第 6.1.4 条的规定。邻桩施工后，对该桩桩顶混凝土高程进行复测。

6 质量控制

6.1 一般规定

6.1.1 填料夯实时宜控制每次填料量,不宜过多。

6.1.2 被加固土层为高含水量的黏性土、粉土、粉砂层时,载体质量控制宜采取下列措施:

1 宜多填料轻夯击,减少开始填料时重锤对土体的直接扰动,待填充料对土体的扰动减少到一定程度时,再逐步加大能量夯击;

2 填料中可加入少量的生石灰,吸减土中水分。

6.1.3 干硬性混凝土拌合用水量应考虑被加固土层的含水状态。

6.1.4 载体桩施工时,地面隆起量和邻桩的上浮量宜符合下列规定:

1 地面隆起量不宜大于 50 mm;

2 对于桩身混凝土处于流动状态的邻桩,上浮量不宜大于 50 mm;

3 对于桩身混凝土已达终凝的邻桩,上浮量不宜大于 20 mm。

6.1.5 载体桩施工质量记录应包括下列资料:

1 施工记录表;

2 钢筋笼制作和安装检验批质量验收记录;

3 混凝土浇筑检验批质量验收记录;

4 混凝土试块试压评定表；

5 当地建设管理部门规定的其他资料。

6.2　成孔与载体

6.2.1　桩定位放线允许偏差宜为 ±10 mm。

6.2.2　桩孔垂直度允许偏差小于 1%。

6.2.3　成桩桩位允许偏差，当桩径小于等于 500 mm 时，允许偏差为 ±70 mm；桩径大于 500 mm 时，允许偏差为 ±100 mm。

6.2.4　减少地面隆起和邻桩上浮可采取下列措施：

1　跳打施工法；

2　预钻孔取部分土再成桩的施工法；

3　对挤土效应明显，导致邻桩上浮及地面隆起较大的场地，可会商调整设计方案。

6.2.5　载体质量控制应符合下列规定：

1　填充料不得含有生活垃圾及腐蚀性化学物质，含泥量应少于 5%；

2　场地地下水位较高或分布有承压水时，应按第 5.2.5 条、第 5.2.6 条进行载体施工；

3　贯入度及填料量的控制，应按第 3.0.13 条进行。

6.3　桩　身

6.3.1　桩身混凝土坍落度宜根据桩径和施工条件确定。桩径小于等于 450 mm 宜为 100 mm～140 mm；桩径大于 450 mm 宜为 80 mm～120 mm。

6.3.2 桩身混凝土充盈系数不宜小于 1.1。

6.3.3 桩径允许偏差 ±20 mm。

6.3.4 钢筋笼制作允许偏差，主筋间距为 ±10 mm，箍筋间距为 ±20 mm，直径为 ±10 mm，长度为 ±50 mm。

6.3.5 钢筋笼主筋保护层允许偏差宜为 ±20 mm。

6.3.6 桩顶高程允许偏差宜为 ±50 mm。

6.3.7 地下水位较高、桩身范围内有液化土层的场地，应对邻桩混凝土采取复振，保证桩身混凝土质量。

6.3.8 桩身采用预制管桩身时，质量应满足现行管桩规范。

7 成品保护

7.0.1 钢筋笼制作、运输和安装过程中，应采取防止变形的措施。

7.0.2 成孔时，对邻桩的保护应符合6.1.4条的规定。

7.0.3 桩身钢筋笼安装时，载体的保护应符合下列要求：

　　1 孔口不落土；

　　2 孔中不给水。

7.0.4 载体桩施工完成后，土方开挖时应保护好桩头，防止挖土机械碰撞桩头，造成断桩或倾斜。

7.0.5 桩头预留的钢筋，应妥善保护，不得任意弯折或压断。

7.0.6 施工期间应避免交叉施工的机具对成品载体桩的影响。

7.0.7 桩头浮浆或桩顶设计标高以上的多余桩段应采用人工凿除。

7.0.8 冬期施工，桩身混凝土可能受到冻胀影响时，应及时采取保温措施。

8 安全与环保

8.0.1 载体桩施工前，应查清邻近建构筑物情况。必要时采取有效的防振措施，防止成孔施工时损坏邻近建构筑物。

8.0.2 施工人员应适时佩戴安全帽、安全带。

8.0.3 非施工人员不得进入施工现场。

8.0.4 成孔机械应安放平稳，防止作业时倾覆。

8.0.5 随时检查电缆，破损时应立即处理；停工时应及时断开电源。

8.0.6 施工时应合理安排作业时间，防止振动和噪声扰民。

8.0.7 工程余料、废料应及时回收、处理。

8.0.8 施工过程中应严密监测受影响的临近建构筑物、管线。

附录 A　常用载体桩机规格及性能参数表

表 A.1　自由落锤桩机规格及性能参数

型号	普通型扩桩机		自升式扩桩机	
总高度/m	16	17	15	18
整机质量/t	21.30	22.58	26.08	27.60
整机外形尺寸/m（长×宽×高）	8.5×4.1×16.7	8.5×4.1×17.6	9.1×3.6×15.7	9.1×3.6×18.7
锤体质量/kg	3.5	3.5	3.5	3.5
最大成孔直径/mm	ϕ426~600			
最大成孔深度/m	13	14	12	15
被加固土层	填土、黏性土、砂土、碎石土			
持力层	黏性土、砂土、碎石土			

表 A.2　柴油锤桩机规格及性能参数

型号		KL418	KL421	KL423	KL425
整机质量/t	履带式	42	44	50	57
	步履式	40	42	48	55
整机外形尺寸/m（长×宽×高）		10.3×4.5×24.2	10.3×4.5×26.1	10.5×5.60×30.4	10.5×5.60×32.0
锤体质量/t		不少于3.5			
最大成孔直径/mm		ϕ600			
最大成孔深度/m		18	21	23	25
被加固土层		填土、黏性土、砂土、碎石土			
持力层		黏性土、砂土、碎石土			

附录 B 载体桩成孔成桩质量检查记录表

工程名称						桩机型号				图纸编号			
施工单位						设计桩径							
序号	日期	桩位编号	开孔时间	成孔终结时间	桩顶标高	填料量/m³	三（十）击贯入度/mm	干硬性混凝土/m³	钢筋笼长/m	主筋规格/mm	箍筋规格/mm	混凝土桩长/mm	混凝土浇筑量/m³	塌落度/mm	备注

建设单位：　　　　　　　监理单位：　　　　　　　施工单位：　　　　　　　记录员：

年　月　日　　　　　年　月　日　　　　　年　月　日　　　　　年　月　日

21

附录 C   施工记录表

1　钢筋加工检验批质量验收记录 SG-T040；
2　钢筋安装工程检验批质量验收记录 SG-T041
3　混凝土原材料及配合比设计检验批质量验收记录表
4　混凝土施工检验批质量验收记录表
5　混凝土灌注桩验批质量验收记录 SG-T004
6　建设工程隐蔽检验记录 SG-013

钢筋加工检验批质量验收记录

工程名称		分项工程名称			
验收部位		施工单位			
项目负责人		专业工长		施工班组长	
施工执行标准及编号					
质量验收规范的规定		施工单位检查评定记录		监理（建设）单位验收记录	

| 主控项目 | 1.受力钢筋的弯钩和弯折应符合以下规定：
　A.HPB235级钢筋末端应做成180°弯钩，七弯弧内直径≥2.5d，弯后平直部分≥3d；
　B.当设计要求钢筋末端做135°弯钩时，HRB335级、HRB400级钢筋弯弧内直径≥4d，弯后平直长度应符合设计要求；
　C.钢筋做不大于90°弯折时，弯折处的弯弧内直径≥5d | | |
| | 2.除焊接封闭环式箍筋外，箍筋的末端应做弯钩，弯钩形式应符合设计要求；当设计无具体要求时，应符合以下规定：
　A.箍筋弯钩的弧内直径除应满足第1条的规定外，尚应不小于受力钢筋直径；
　B.箍筋的弯折角度：一般结构≥90°，有抗震要求的结构应≥135°；
　C.箍筋弯后的平直长度：一般结构≥5d，有抗震要求的结构≥10d | | |

一般项目	1.钢筋的调直：一般采用机械方法，也可用冷拉方法。当采用冷拉方法时，HPB235 级钢筋的冷拉率宜≤4%，HRB335 级、HRB400 级和 RRB400 级钢筋的冷拉率宜≤1%						
	2.受力钢筋顺长度方向全长的净尺寸	设计给定值					
		± 10					
	3.弯起钢筋弯折位置	设计给定值					
		± 20					
	4.箍筋内净尺寸	设计给定值					
		± 5					

共实测　　点，其中合格　　点、不合格　　点，合格率　　　%

施工单位检查评定结果	项目专业质量检查员： 项目专业质量（技术）负责人：　　　　　年　　月　　日
监理（建设）单位验收结论	监理工程师（建设单位项目技术负责人）： 　　　　　　　　　　　　　　　年　　月　　日

四川省建设厅制

24

钢筋安装工程检验批质量验收记录

工程名称			分项工程名称		
验收部位			施工单位		
项目负责人		专业工长		施工班组长	
施工执行标准及编号					

质量验收规范的规定			施工单位检查评定记录	监理（建设）单位验收记录
主控项目	1. 5.5.1 受力钢筋的品种、级别、规格和数量必须符合设计要求 2. 技术变更或技术核定执行情况			

一般项目	绑扎钢筋网	长、宽	设计给定值								
			±10								
		网眼尺寸	设计给定值								
			±20								
	绑扎钢筋骨架	长	设计给定值								
			±10								
		宽、高	设计给定值								
			±5								
	受力钢筋	间距	设计给定值								
			±10								
		排距	设计给定值								
			±5								

保护层厚度	基础	设计给定值										
		±10										
	柱、梁	设计给定值										
		±5										
	板、墙、壳	设计给定值										
		±3										
绑扎箍筋、横向钢筋间距		设计给定值										
		±20										
钢筋弯起点位置		设计给定值										
		±20										
预埋件	中心线位置	设计给定值										
		5										
	水平高差	设计给定值										
		+3、0										

共实测　点，其中合格　点、不合格　点，合格率　　%

施工单位检查评定结果	项目专业质量检查员： 项目专业质量（技术）负责人：　　　　　　　　年　月　日
监理（建设）单位验收结论	监理工程师（建设单位项目技术负责人）： 　　　　　　　　年　月　日

四川省建设厅制

26

混凝土原材料及配合比设计检验批质量验收记录表
GB 50204—2002
（Ⅰ）

010603□□
020103□□

单位（子单位）工程名称					
分部（子分部）工程名称				验收部位	
施工单位				项目经理	
施工执行标准名称及编号					

施工质量验收规范的规定				施工单位检查评定记录	监理（建设）单位验收记录
主控项目	1	水泥进场检验	第 7.2.1 条		
	2	外加剂质量及应用	第 7.2.2 条		
	3	混凝土中氯化物、碱的总含量控制	第 7.2.3 条		
	4	配合比设计	第 7.3.1 条		
一般项目	1	矿物掺合料质量及掺量	第 7.2.4 条		
	2	粗细骨料的质量	第 7.2.5 条		
	3	拌制混凝土用水	第 7.2.6 条		
	4	开盘鉴定	第 7.3.2 条		
	5	依砂、石含水率调整配合比	第 7.3.3 条		
施工单位检查评定结果	专业工长(施工员)			施工班组长	
	项目专业质量检查员：			年　月　日	
监理（建设）单位验收结论	专业监理工程师： （建设单位项目专业技术负责人）：			年　月　日	

27

混凝土施工检验批质量验收记录表

GB 50204—2002

（Ⅱ）

单位（子单位）工程名称						
分部（子分部）工程名称				验收部位		
施工单位				项目经理		
施工执行标准名称及编号						
施工质量验收规范的规定				施工单位检查评定记录		监理（建设）单位验收记录
主控项目	1	混凝土强度等级及试件的取样和留置	第7.4.1条			
	2	混凝土抗渗及试件取样和留置	第7.4.2条			
	3	原材料每盘称量的偏差	第7.4.3条			
	4	初凝时间控制	第7.4.4条			
一般项目	1	施工缝的位置和处理	第7.4.5条			
	2	后浇带的位置和浇筑	第7.4.6条			
	3	混凝土浇带的位置和浇筑	第7.4.7条			
	4	混凝土养护	第7.4.8条			
施工单位检查评定结果	专业工长（施工员）				施工班组长	
	项目专业质量检查员：　　　　　施工验收日期：					
监理（建设）单位验收结论						
	监理工程师（建设单位项目专业技术负责人）：					

28

混凝土灌注桩检验批质量验收记录

工程名称			分项工程名称			验收部位		
施工单位			项目负责人			分包单位		
项目负责人 （分包单位）			专业工长			施工班组长		
施工执行标准及编号								
质量验收规范的规定			施工单位检查评定记录				监理（建设） 单位验收记录	
主控项目	承载力	按基桩检测 技术规范						
	桩体质量检查	按基桩检测 技术规范						
	混凝土强度	设计要求 C30						
	孔深	+300 mm						
一般项目	泥浆比重	1.15～1.20						
	混浆面标高	0.5～1.0 m						
	沉渣厚度 端承桩	≤50 mm						
	沉渣厚度 摩擦桩	≤150 mm						
	混凝土坍落度 水下灌注	160～220 mm						
	混凝土坍落度 干施工	70～100 mm						
	钢筋笼安装深度	±100 mm						
	混凝土充盈系数	>1						
	桩顶标高	+30 mm; -50 mm						
共实测		点，其中合格		点、不合格		点，合格点率		%
施工单位检查	项目专业质量检查员： 项目专业质量（技术）负责人：						年 月 日	
监理（建设） 单位验收结论	监理工程师（建设单位项目技术负责人）：						年 月 日	

四川省建设厅制

建设工程隐蔽检验记录

工程名称		施工单位			分项工 程名称		图号	
隐蔽日期	隐蔽部位、内容	单位	数量	检查情况			监理（建设）单位 验收记录	
有关测试资料								
名称	测试结果	证、单位编号		备　注				
附图：								
参加人员签字								
施工单位		监理单位			建设单位			
注册建造师 （技术负责人）：		监理工程师： （注册方章）			现场代表：			

注：本表由承包单位填写，一式三份，审核后建设、监理、施工单位
各留一份。

（批准文号：川建发〔2002〕280 号）　　　　　四川省建设厅监制

30

本规程用词说明

1 为便于在执行本规程条文时区别对待，对要求严格程度不同的用词，说明如下：

1）表示很严格，非这样做不可的：

正面词采用"必须"；

反面词采用"严禁"。

2）表示严格，在正常情况下均应这样做的：

正面词采用"应"；

反面词采用"不应"或"不得"。

3）表示允许稍有选择，在条件许可时首先应这样做的：

正面词采用"宜"；

反面词采用"不宜"；

4）表示有选择，在一定条件下可以这样做的，采用"可"。

2 条文中指明应按其他有关标准执行的写法为"应按……执行"或"应符合……的规定（或要求）"。

引用标准名录

1 《建筑地基基础设计规范》GB 50007

2 《建筑桩基技术规范》JGJ 94

3 《载体桩设计规程》JGJ 135

四川省工程建设地方标准

四川省载体桩施工工艺规程

DBJ51/T071 – 2017

条 文 说 明

目　次

2 术语和符号

2.1 术 语

2.1.3 填充料可消减大量的建筑垃圾及工业废料，如废砖、混凝土块、矿渣等，对环境保护有重要意义。

3 基本规定

3.0.5 被加固土层应具有良好的可挤密性、适宜的厚度和埋深，利于载体的形成。厚度一般不小于 2.0 m，对欠固结土一般为 3 m～5 m；埋深太浅，载体周围约束力太小，施工时容易引起土体的隆起而达不到设计的挤密效果。

3.0.6 当工程对承载力及变形要求不高时，可采用软塑黏性土为持力层。在本规程编制课题试验研究中，四川迪怩司食品有限公司罗江新厂区载体桩，工程重要性等级为三级，要求载体桩单桩承载力特征值为 800 kN，对变形要求较低。后经过试桩，以软塑黏性土为载体桩持力层，经载荷试验检测，其承载力满足该厂区工程荷载的要求，厂房竣工一个水文年内，变形满足正常使用要求。

3.0.7 工程中往往出现工程人员对场地工程地质条件不了解，没有采取适宜的工程措施而导致载体桩出现质量缺陷。高阶地上的硬可塑黏性土，成孔时挤土效应明显，易使邻桩缩颈、偏位；地下水可能导致填充料夯击不密实；饱和粉土、粉砂在振动时可能液化引起已施工完毕的载体桩桩身混凝土下沉而致桩身缩颈。因此，载体桩施工前，工程人员应对场地工程地质条件认真分析研究，选择适宜的施工机具、施工方法和确定设计及施工参数。

3.0.8 地下水位较高的场地优先选用柴油锤桩机。单桩承载力较大时，宜选用锤径较大的桩机，根据场地持力层的埋深选择护筒或跟管的长度。自由落锤桩机施工噪音较柴油锤桩机小，可根据施工周边环境选用。在电力相对缺乏地区宜选用自由落锤桩机施工。

3.0.13 本条规定了载体施工质量的控制方法。

3 载体的质量是载体桩承载力的保证。含水量较大的黏性土，如软塑～流塑黏性土，挤密性较差，贯入度不易满足要求，可按填料量控制载体的质量。

测定十击贯入度所需的落距与锤击数是根据其夯击能量与测定三击贯入度夯击能量相等的原理，并考虑柴油锤机具锤落距较自由落锤机具锤落距小，相同的夯击能量其贯入度较小，因此，需要在三击贯入度夯击能量基础上乘以一增大系数。根据德阳市西部国际城实验场地及其它工程场地载体桩的检测结果表明增大系数取1.4是可行的。因此测定十击贯入度所需的落距与锤击数，由三击贯入度的夯击能量乘以1.4的增大系数换算而得。

4 施工准备

4.0.1 本条规定了载体桩施工前的技术准备工作内容。

　　1 桩长范围内土层是否会引起成孔困难，砂土或粉土是否会液化，黏性土是否会引起桩身缩颈，地下水是否会影响成孔及混凝土的浇筑，等等。

4.0.6 本条规定了载体桩施工前机具准备的内容。

　　4 钻孔取土机具，用于有挤土效应的场地。

5 施 工

5.2 成 孔

5.2.2 若受阻原因是由护筒深度范围内的硬可塑黏性土引起，可将细长锤及护筒拔出孔外，往桩孔里浇适量水后再将护筒沉入孔内继续施工；或采用钻机取土后继续施工。若受阻原因是遇到障碍物，出现沉管困难现象，可拆除障碍物或经设计单位同意变更桩位后再进行施工。其它原因可会商设计单位调整施工方案。

5.2.4 本条规定了载体桩施工成孔过程中护筒或跟管沉放应符合的要求。

    1 锤击成孔的难易程度可由夯锤每次夯入深度、夯击声音初步判定。

5.2.5 柴油锤桩机施工工具有跟管堵水功能；采用自由落锤桩机施工时，成孔过程中加入填料挤密桩周土体以阻滞桩周地下水渗入孔内，加入吸水性材料以减缓桩周地下水渗入孔内。载体施工时，所保持的筒底部载体填充料的厚度应满足堵水要求并使填料能顺利夯出筒底，一般取 500 mm ~ 700 mm；若地下水涌水量过大，可考虑降水后施工。

5.2.6 在承压含水层内进行载体施工时，一旦封堵失效会造成施工困难，并且影响施工质量，故应采取有效措施，防止突涌，避免承压水进入护筒。随着施工技术的日趋成熟，施工控制措施也越来越多。由于载体影响深度为 3 m ~ 5 m，在透水层以上一定距离的不透水层内进行填料夯击，可有效地防止承压水进入护筒，同时又能取得良好的效果，此距离可依据承压水压力和土体的抗剪强度确定；当混凝土桩身进入透水层较深时，可在施工过程中向护筒内填料夯实形成砖塞，堵住承压水，边沉管边夯击，控制单击能量避免将砖塞夯出护筒。也可以采用在施工现场适当的位置钻孔降水，消除承压水的水压力，减小承压水的影响等。

如某工程：东距河流约 20.0 m，地下水较为丰富，地下水位约在自然地面下 3.0 m，且为承压水。本工程以卵石作为载体桩持力层，其渗透系数较大，若不采取一定的措施，成孔到设计标高后，容易造成承压水进入护筒，从而影响施工质量。为防止出现这种情况，施工时用锤夯击，将护筒预沉入设计位置上不透水层一定深度后，提出护筒，用彩条布和塑料布将护筒底口扎实，再将护筒缓慢放入到预先沉好的孔中，当护筒底沉到孔底后，立即通过护筒上部所开的投料口投入适量的水泥和砖头，使其在护筒底口形成一定厚度的砖塞。其作用一是隔水；二是通过砖塞与护筒间的摩擦力，在夯锤的夯击能量下，将护筒带至设计深度，边填料边夯实，同时沉护筒。护筒沉至设计深度后，用夯锤将砖塞击出护筒底口，并及时投入填充料夯击，当三击贯入度满足设计要求后，再填入设计方量的干硬性混凝土夯击，按照常规载体桩施工方法进行施工。施工完毕后经检测，单桩承载力都满足设计要求，混凝土质量也都满足要求。

含水层以上不透水层安全厚度的确定，可参照公式

$(N_0\tau_0 + \gamma t) / p_w \geq 1.1$。

式中：N_0——承载力系数，取 5.14；

τ_0——土体的抗剪强度（kPa）；

γ——土的重度（kN/m³）；

t——含水层以上不透水层安全厚度（m）；

p_w——含水层水压力（kPa）。

5.3 载 体

5.3.2 某小区，场区内地面下 2～12 m 范围为杂填土，其下为卵石层，承载力为 350 kPa，设计载体桩桩长为 6～12 m，桩径为 450 mm 和 600 mm。施工载体时，沉管到设计标高后直接夯击，三击贯入度满足要求后再填入 0.3 m³ 干硬性混凝土、放置钢筋笼和浇筑混凝土。施工完毕经检测承载力全部大于 2 000 kN，加载到 4 000 kN 时变形仅为 13 mm，取得了良好的效果。

5.4 桩 身

5.4.3 拔护筒宜轻敲、慢拔。速度过快，易造成断桩及缩径现象。

5.4.4 若桩身深度范围内分布有饱和可液化的砂土、粉土及软～流塑黏性土，邻桩施工时可导致砂土、粉土液化而致桩身混凝土下陷出现缩颈，须对该桩桩身混凝土进一步捣振

使其密实。

5.4.5 本条规定了载体桩采用预制管桩身应符合的要求。

　　2　工程中预制管桩多采用锤击沉桩，桩身贯入度由设计提供，或由试桩确定。

6 质量控制

6.1 一般规定

6.1.1 有时填料过多而未达密实，会出现反弹假象导致出现较小的贯入度，宜根据 5.3.2 第 2 款控制每次填料量。

6.1.2 在含水量较高的黏性土、粉土、粉砂中，当夯填到一定数量的填充料后，贯入度不再减小，满足不了设计要求。此种现象一般是由于黏性土在夯击作用下，孔隙水不易消散，造成较高的孔隙水压力，形成橡皮土，而致贯入度满足不了要求。因此应在填充料对土体的扰动减少到一定程度，避免产生较高的孔隙水压力，再大能量夯击，同时在填料中加入少量的生石灰，吸减土中水份，提高其强度。

6.1.3 若被加固土层为软塑黏性土或其它饱和土层，干硬性混凝土可不加水拌合；若被加固土层为可塑黏性土或其它稍湿～湿的土层，干硬性混凝土的用水量以手攥成团为宜。

6.2 成孔与载体

6.2.4 对于桩身周围为硬塑黏性土或其它压缩性较低的场地，当载体桩施工对邻桩影响明显、地面隆起量较大时，为避免产生过大的挤土效应破坏邻桩，宜采用跳打施工法、预钻孔取部分土再成桩的施工法或增大桩间距。

6.3 桩 身

6.3.1 桩身混凝土施工条件主要包括气温、湿度、土层的含水量。

6.3.3 桩径过大，易引起明显的挤土效应。

6.3.7 桩体施工夯击振动可能引起邻桩桩周饱和土体液化，使桩身下沉而产生混凝土缩颈等现象，通过复振，保证桩身混凝土质量。

7 成品保护

7.0.3 孔口不落土，孔中不给水是为了保护载体。